元野良猫

チャチャの毎日

主婦の友社

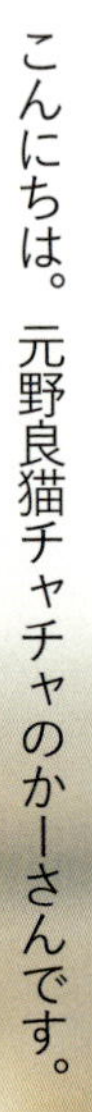

こんにちは。元野良猫チャチャのかーさんです。
空き地で何年も過ごしてきた野良猫のチャチャと出会ってから
今までの、私たち家族の騒がしくも楽しい毎日を
YouTubeにつづっています。
今回、夢だったチャチャのフォトエッセーができました。
私たち家族とチャチャの思い出が、本として形に残ることは、
まさにミラクル！　これほどうれしいことはありません。
YouTubeでご紹介していない
秘蔵エピソードの他、
保護猫と暮らす想いもつづっています。
この本をきっかけに、
野良猫、保護猫と暮らしてみたいと
思う人が一人でも増えたらいいな、
と思っています。

チャチャ

- 雑種・茶トラの男の子
- 年齢：推定９歳（2025年3月現在）
- 体重：5.3キロ
- 性格：温厚で人懐っこい。
  たいていのことでは動じない。
- 好きな人：家族みんな好きだけど、
  特にかーさんが大好き。
  あとギャルも好き。
- 好きなこと：お散歩
- 特技：警備。町の治安を守るため、
  日々、パトロールしている。

元野良猫 チャチャの毎日

Contents

甘えん坊になったチャチャの現在 48

特別編

かーさんインタビュー 74

★この本は、新たに撮り下ろした画像と、過去にかーさんが撮影した画像や動画のスクリーンショットなど合わせて掲載しています。文章の内容と画像を撮影した時期が異なるページもあります。あらかじめご了承ください。

Part1

野良猫時代の チャチャとの出会い ～おうちに迎えるまで

はじめてチャチャに会った日。

チャチャと出会ったのは2020年のこと。

その頃の私はトリマー時代から飼っていた愛犬を亡くし、ペットロスの影響で犬の動画が見られず、猫の動画ばかりを見ていました。そんな私を見て、娘が「近くにチャチャって猫がいるから見に行こうよ」と連れ出してくれたのです。

最初はただ顔を見に行くだけのつもりでした。

娘にも「うちでは飼えないよ」とずっと言っていました。

でも、はじめて会ったチャチャはとても人懐っこく、私の手にも顔をこすりつけてきました。そのとき、私は小学生時代にはじめて拾ってきた茶トラ猫の大将を思い出したんです。あの頃のかわいい大将に会えたようで、とてもうれしかった。

それからは毎日、娘と会いに行くようになりました。

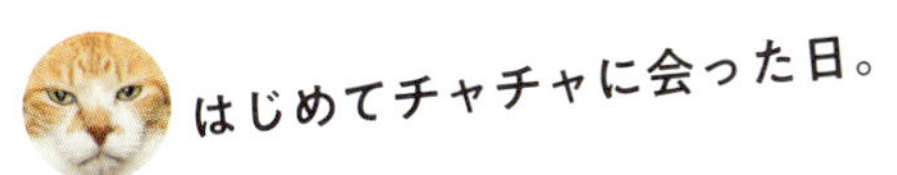

はじめてチャチャに会った日。

ストリートキャット時代のチャチャ。
仲間を従えていて大将感たっぷり。

ごはんを前にして、少し警戒中？

おうちにおいでよ。

ある日、いつもの空き地にチャチャの姿がなく、首輪だけが残されていました。

娘は「もうチャチャと会えない」と落ち込み、一晩中泣いていました。毎日チャチャに会いに行っていたから、すごく寂しかったんだと思います。

そんな娘の姿を見て、とーさんは「今度会ったら、うちで飼ってあげればいいじゃないか」と言ったんです。今思うと、一度もチャチャに会ったことがないのに、よく決心したなぁと思います。それくらい娘の涙に弱かったんでしょうね(笑)。

その後、チャチャの元気な姿を確認した私た

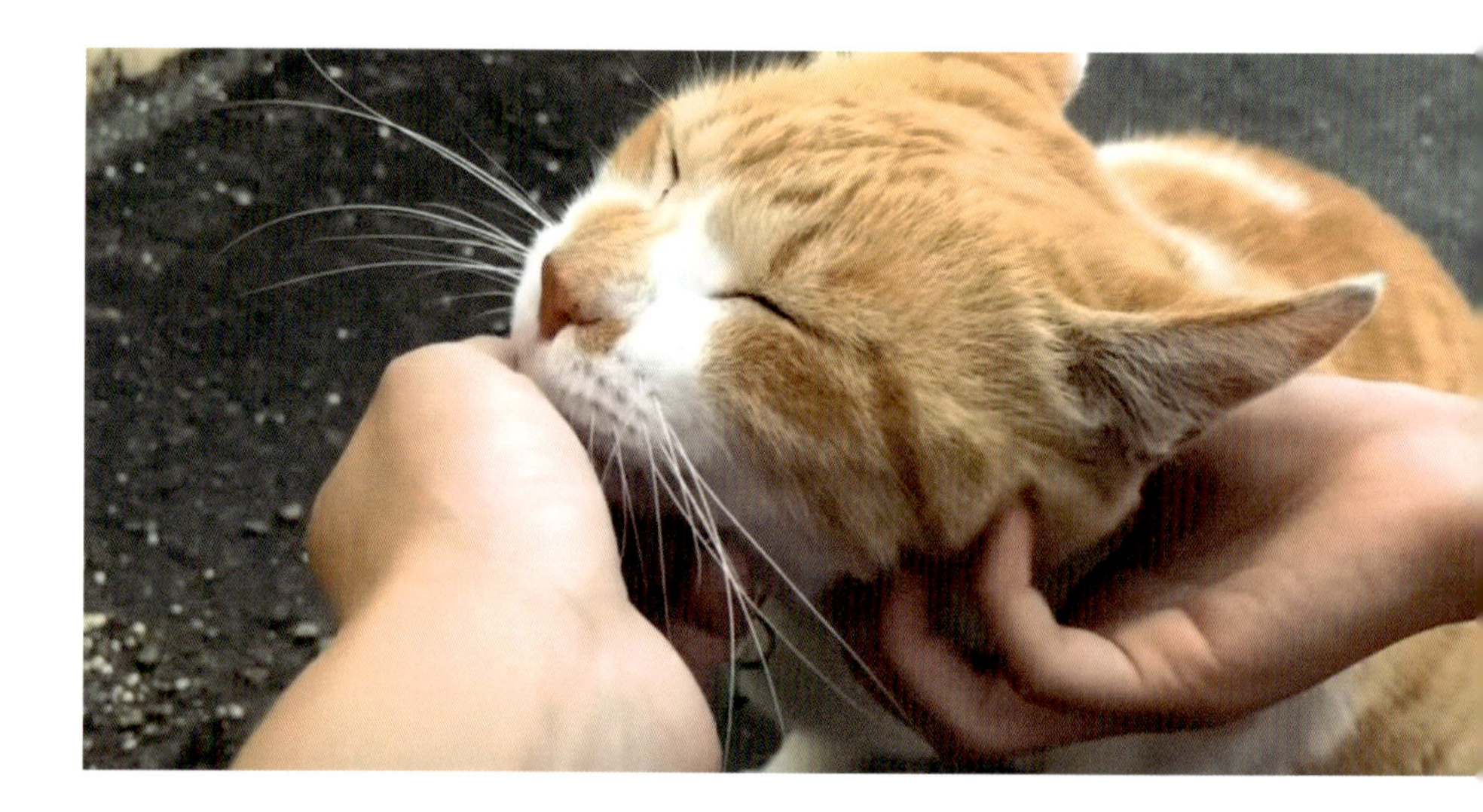

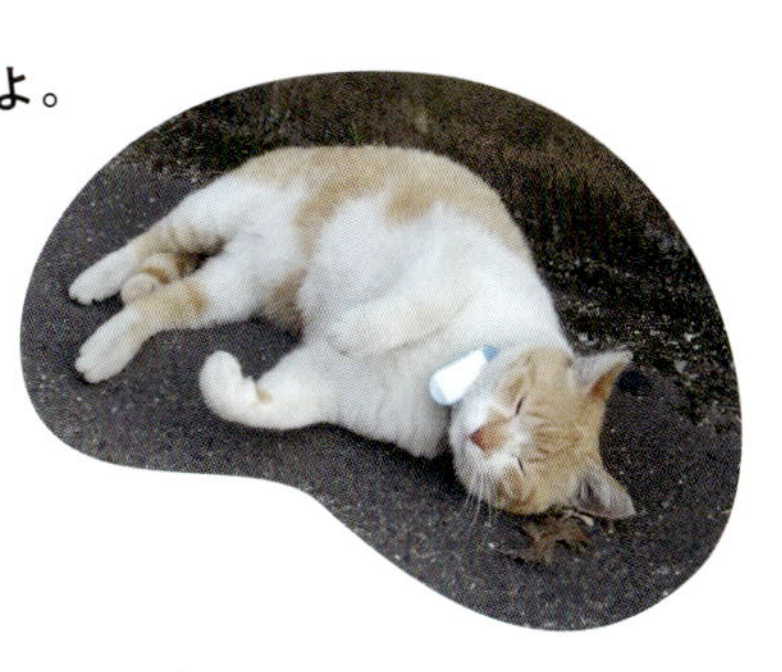

ち。元々チャチャの首輪には、近くに住む保護主さんの連絡先と「飼い主さん募集中」のメッセージが書かれていたので、すぐに保護主さんに連絡をして「チャチャを飼いたい」と伝えたんです。私たちの想いを聞いて、保護主さんはとても喜んでくれました。

保護主さんにチャチャの姿が見えなかった日の話をしたら、「それはたぶんチャチャの冒険かな」と言われました。どうやらチャチャの行動範囲は広いようで、ときどき、ふらっと遠くに出かけては1日帰ってこないこともあったそうです。実はそれが後にチャチャがお散歩を始めた理由の一つにもなっています。娘はいつもの場所で過ごすチャチャを見て安心し、チャチャに声をかけました。

「おうちにおいでよ。こたつあるから」。

その当時でチャチャの年齢は5〜6歳くらい。もう大人です。

私は物心ついた頃から猫と暮らし、多いときは家に十数匹の猫がいたことがあります。どの猫も私や兄弟が拾ってきた成猫。それもあって、私はすでに大人だったチャチャを引き取ることに何の違和感もありませんでした。

大家さんに許可をもらう。

チャチャを飼うと決めたら、次にするべきは大家さんとの交渉です。

この家は本来ペット不可の賃貸物件。とーさんはそれも承知のうえ。もし大家さんがダメだと言ったら、引っ越せばいいと新しい家も探し始めていたのです。案の定、大家さんは猫を飼うことに初めは難色を示しました。以前、猫を2匹飼っていた方の家が傷だらけで大変だったそうなんです。それでも、私たちは原状回復することを固く約束。1匹なら飼ってもいい、と大家さんの了解を得たのでした。

チャチャが家の中を傷つけるかも……と思っていましたが、チャチャは壁などで爪を研いだりしない、本当に大人しい猫でした。唯一の誤算は、引き戸に爪をかけて開けること。すごく器用な猫だなと感心する一方、傷だらけの引き戸を見て「これは高くつくなあ」と覚悟を決めています（笑）。

大家さんに許可をもらう。

いよいよチャチャがやってくる！

チャチャを引き取ることを決めたら、まず病院で血液検査などをしてもらおうと思っていました。でも、突然知らない場所に連れて行かれたら、チャチャは不安になるかな……。それ以前に、車に乗せることに慣れさせる必要があるだろう……。そう思い、保護主さんに許可をもらって、しばらくおやつで誘導してチャチャを車に乗せる練習をしました。

ところが、いよいよチャチャを迎え入れる日。何と保護主さん自ら、チャチャを連れてきてくれたんです。しかも、わが家に来るまでの数日間、交通事故にあったり行方不明になったりしないように、ご自宅でずっと保護してくださっていたそうで……。

保護主さんはチャチャだけではなく、他の野良猫たちのごはんや寝床にも気を配り、病院にも連れて行く、本当に優しい方でした。

シャンプーまでしてもらって、すっかりきれいになったチャチャは、自分の匂いがついた猫砂や食べ慣れたフードとともに、わが家にやってきました。

いよいよチャチャがやってくる！

おうちに迎えるまでに準備したこと。

「おうちにおいでよ。こたつあるから」。

娘がチャチャにそう言ったとき、私は内心「えっ？」と驚きました。

前の家では使っていたものの、部屋が狭くなるし、掃除も大変なので、今の家ではこたつは使っていなかったからです。娘の中では「猫＝こたつ」のイメージがあったのかもしれませんが。

私は大急ぎで、しまってあったこたつ本体を出し、こたつ布団を買いに走りました(汗)。

その他の準備としては、亡き愛犬が使っていたケージを組み立てて、猫用トイレを置いたり、脱走防止用にチャイルドゲートを急遽レンタルしたり。さらに、保護主さんのアドバイスで、家の壁には爪研ぎ防止用のＰＰシートを貼るなど、チャチャを迎え入れる環境を着々と整えていきました。


あと準備したのは猫用ベッド！　もこもこのベッドは猫にとって必需品だろ

おうちに迎えるまでに準備したこと。

うと思い、日の当たる縁側などに置きました。でも、チャチャはその感触があまり好きではないようで、ほとんど使わず……(涙)。

しばらくたってから、キャットタワーも購入。はりきって娘と組み立て、外の景色がよく見える窓際に置きました。このタワーは今でも、チャチャの見張り台として活躍しています。実はこのタワーは、リビングのキャビネットの上からも歩いて行けるように工夫したのですが、そちらは歩いた形跡はなく……。

もう少し若い猫だったら、いろいろ興味を示したのかもしれませんが、それが落ち着いた成猫のかわいいところなのだと、今はもう諦めました(笑)。

Part2

チャチャがおうちにやってきた

わが家に来た初日。

ついにわが家にチャチャがやってきました。

私の予想では、ずっと外で暮らしていたし、いきなり知らない場所に連れてこられたから、怖くてすぐに隠れてしまうだろうと思っていました。昔、飼っていた猫も、環境が変わったストレスで隠れてしまったことがあったので。

でも、チャチャは隠れませんでした。ただあれほど外でおいしそうに食べていたごはんを初日は食べず、トイレにも行きません。

私はトリマーをしていた頃、ペットホテルの環境になじめず、元気のない猫たちを見てきたので、チャチャの様子を心配する娘には「もしかしたら3日ぐらいは何も食べないかもしれないし、トイレにも行かないかもしれないけど、焦らず、静かに見守ってあげようね」と話しました。

わが家に来た初日。

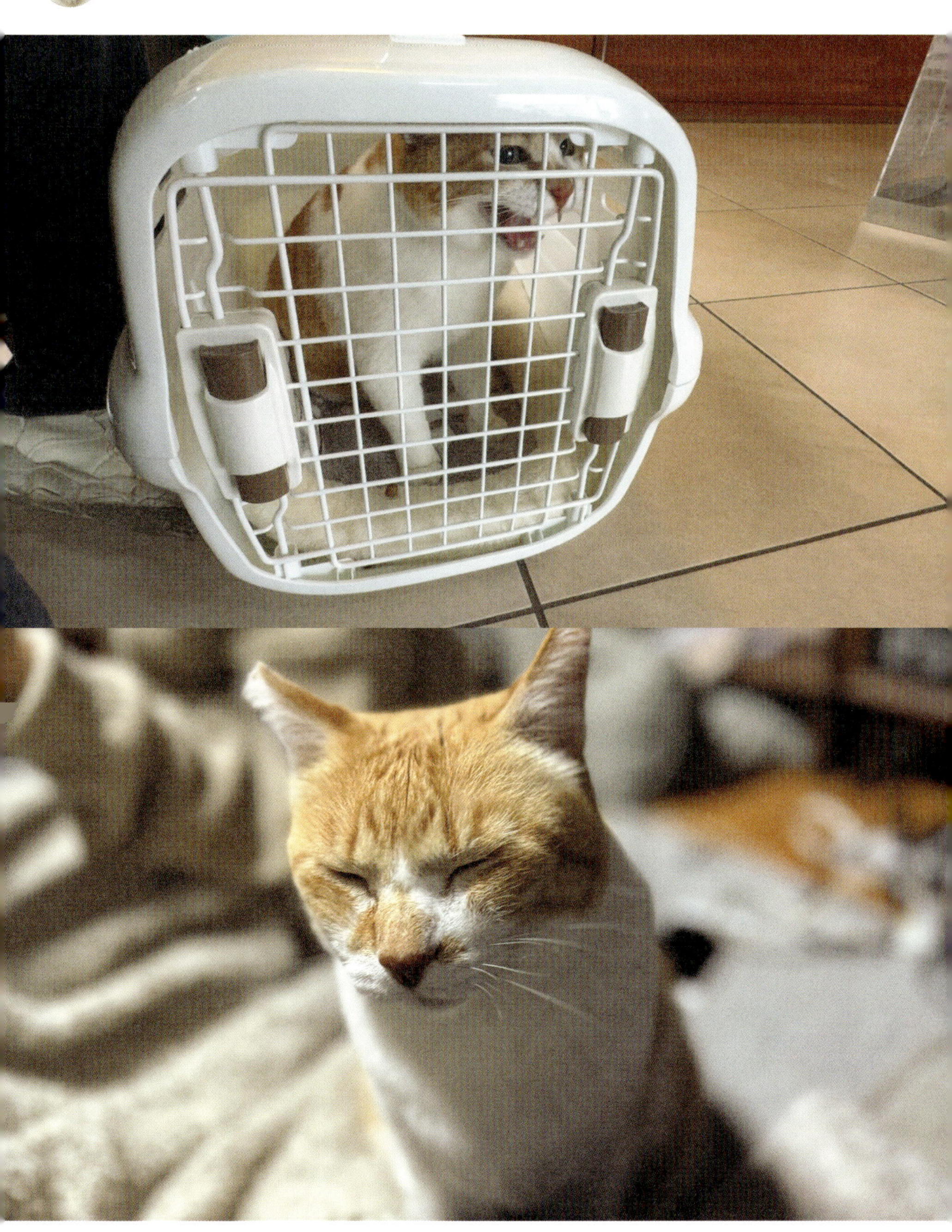

わが家に来てから2日目。

チャチャがトイレをちゃんと使えるか、まずはケージに入れて様子見です。狭いケージに閉じ込められて不安なのか、珍しく大きな声で鳴くチャチャ。「大丈夫だよ、安心して」と声をかけると、しばらくしてトイレにイン！ 無事に用を済ませ、「したよー」と大きなニャーで報告してくれました。「おりこうさんだね！」と声をかける私。早くも親バカ全開です（笑）。

2日目の晩には、ごはんも食べてくれて、私たち家族もほっと一安心。ケージの扉を開けて自由に過ごさせると、チャチャは家の中をキョロキョロと探索し、その後は窓から外をずっと見ていました。

このときはまだ自分がどこに来たのかもわかっていなかったと思うので、無意識に出口を探していたのかもしれません。

わが家に来てから2日目。

わが家に来てから3日目以降。

チャチャは意外と早くわが家に慣れてきました。相変わらず窓から外を見たり、玄関から外の様子をうかがったりしていますが、初日と比べたらかなりリラックスしている様子。

そのため、レンタルしたチャイルドゲートは外し、家の中を自由に行き来できるようにしました。残念ながら、用意したこたつの中には全然入ってくれませんでしたが、こたつ布団の上でくつろぐ姿を見て、チャチャがわが家にいることのうれしさを実感。これから「家猫」としての生活に、少しずつ慣れていってくれたらいいなと思いました。

今、振り返ると、チャチャは環境に順応しやすい猫でしたね。気づけば、まるで昔からわが家にいたような、堂々とした態度(笑)。もしかしたら、チャチャは私たちが飼い主でなくても全然大丈夫だったんじゃないかなと思うくらい。それほど、チャチャは強い猫なんです。

わが家に来てから３日目以降。

チャチャが来てからの家族の変化。

私以外の家族は、猫を飼うのがはじめて。だから、最初はチャチャがすることーつーつが不思議だったようです。例えば、喉をゴロゴロと鳴らしていると「今の何？　怒ってるの？」と聞いてきたり、イライラしてしっぽを振っているのに、喜んでいると勘違いして猫パンチされたり。

特に〝とーさん〟は、これまで猫を触ったことがありませんでした。だから、最初は犬との違いに戸惑い、慣れるまで少し時間がかかったかもしれません。

娘にとってチャチャは、まさに「推し」の存在。スマホの中は、ほぼチャチャの写真というくらい溺愛しています。一方、息子はベタベタすることはないのですが、チャチャが椅子に乗りたそうにしていると「おいで」と言って、スペースを半分譲ってあげたり。その接し方を見ると、まるで弟のような存在なのかもしれませんね。

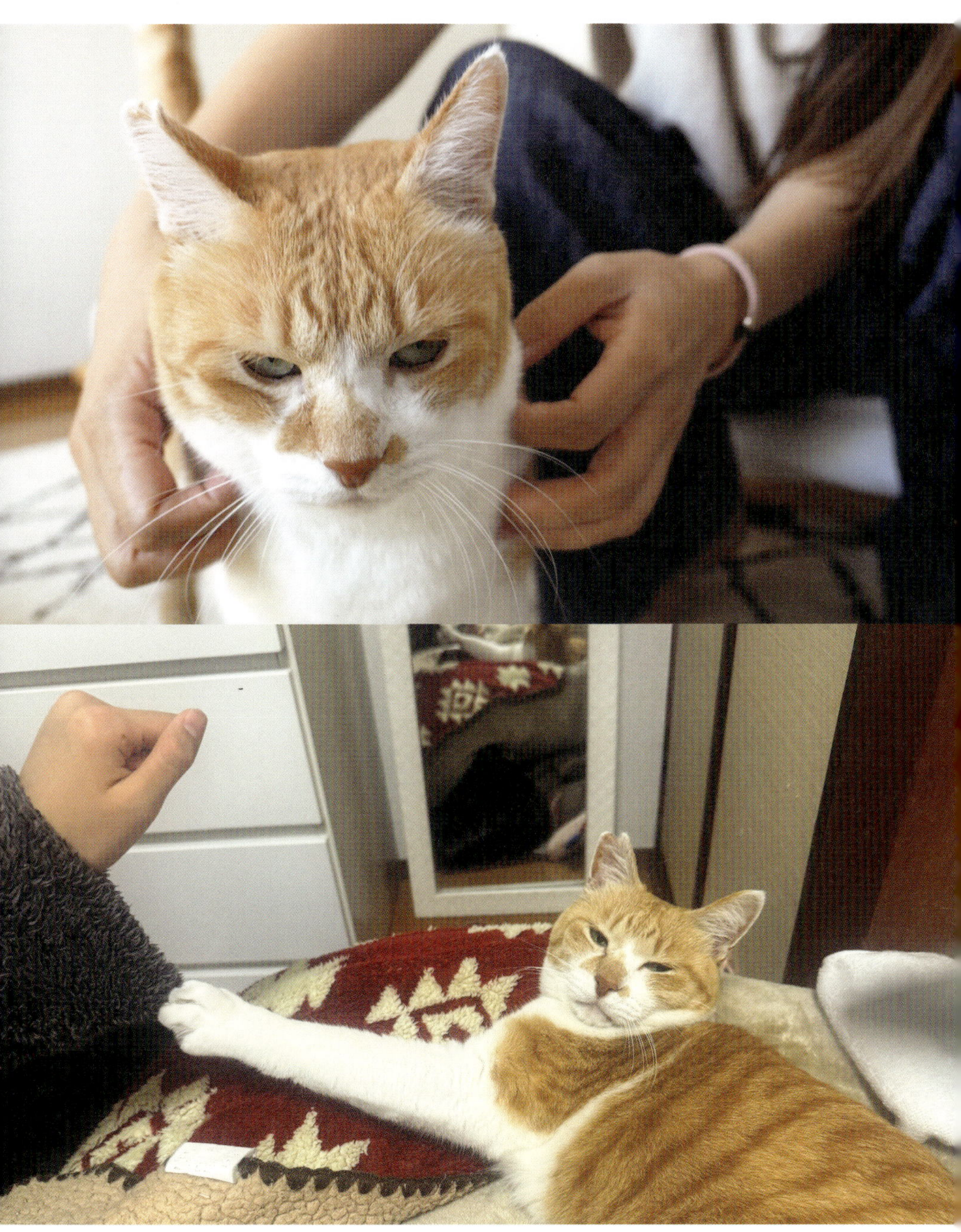

Part3

外に出たいチャチャ

～お散歩に行くようになるまで

やっぱり、外に出たいの？

わが家に来た当初から、チャチャはよく窓の外を見ていました。キャットタワーの上に乗って、わざと窓をトントンと叩くこともあったし、私の方を振り返りながら、縁側や玄関に誘導することも。

これらはチャチャなりの「外に出たいアピール」だったと思います。

チャチャは外の世界を満喫していた猫で、通学路を行き来する子どもたちのアイドルでもありました。

そんな外に出たいアピールを見て私は、チャチャを家の中に閉じ込めて、

やっぱり、外に出たいの？

楽しんでいた自由を奪ってしまったのでは?と考えるようになりました。
元野良猫のチャチャを引き取ったからには、絶対幸せにしたい。できる限りそれまでと同じ環境で過ごさせてあげたい。だけど、外の世界は危険がいっぱい。車も多いし、他の野良猫たちもいるので、自由に外を行き来させたくはない……。
そこでまずは、縁側の窓に突っ張り棒とワイヤーネットで脱走防止柵を設置し、網戸越しに外の風や音、匂いが感じられるようにしました。日当たりもいいので、チャチャにとって縁側はお気に入りの場所になりました。

チャチャがいなくなった⁉ 脱走劇。

そんなとき、家族がごみを出す瞬間を狙って、チャチャが玄関から脱走！「チャチャがいるからドアはすぐに閉めてね」と言っていたのですが、うちの家族は猫と暮らすのははじめてだったので、すぐに習慣とはならず……それを責めても仕方ありません。

脱走にあわてた私。小さい頃に飼っていた猫が近所の野良猫とケンカして血まみれで帰ってきたことを思い出して、ケガをしたらどうしよう……。車のライトに驚いてパニックになったら……。他の猫を追いかけて遠くまで行

チャチャがいなくなった!?　脱走劇。

ってしまったら……。イヤな予感がいろいろと頭をよぎりました。チャチャはわが家までちゃんと帰ってこられるだろうか……。

もしかしたら、以前いた場所に戻るかもしれないと思い、保護主さんにも連絡。保護主さんは「大丈夫。チャチャの行動範囲は把握しているから、見つからなかったら探してあげる」と言ってくれました。

幸いにも1時間ほどでチャチャを発見。ケガもしていませんでした。家族全員、本当にホッとしました。

チャチャのお散歩を始めた理由。

そんないろいろなことがあって、今後、万が一チャチャが脱走しても、ちゃんとわが家に帰ってこられるよう、道を覚えさせるためにチャチャのお散歩を始めました。もちろん、災害時に備えてハーネスに慣れさせておくことも目的の一つでしたが。

私はトリマーもやっていましたし、猫を飼っていたこともありましたから、猫のお散歩が大変なことや、途中で逃げてしまう可能性があることも知っていました。

でも、チャチャはそれまで外の世界を満喫していた、元野良猫です。

名前を呼んだら帰ってきてくれる猫ではないし、簡単につかまえることもできない猫だと思うので、チャチャのためを考えてお散歩を始めたのでした。

まずはお散歩用のハーネスを用意。

私にとっても、猫をお散歩させるのは初の試みです。

まず必要なのはお散歩用のハーネス。トリマー時代から、猫は関節がやわらかく、ハーネスが抜けやすいことは知っていたので、ダブルロックの赤いハーネスを購入しました。

ところが、いざ着けてみると全く歩かない！しまいにはコロンコロンと転がってしまう。あ、これが噂の〝ハーネスあるある〟か……。

今思うと、そのハーネスはチャチャの体に合っていなかったのでしょうね。しかも、かわいいという理由で選んだ赤色が、チャチャに似合わないと家族に不評で（笑）。チャチャにとって

まずはお散歩用のハーネスを用意。

ストレスのないハーネスって何?と選び直すことにしました。

新たに購入したのは、ベストタイプの黒のハーネス。今度は苦しくないのか、赤のハーネスほどの拒絶感はなし。もちろん、最初は全く歩きませんでしたが、しばらく着けたままにしたら、「まあ、いいか」といった感じでスムーズに歩き出しました。その後は、毎日家の中で20分くらい着けて徐々に慣らしていき、歩く距離も少しずつ延ばしていきました。

チャチャのこういう姿を見ると、本当に順応性の高い猫だなぁと感心します。

猫によっては首輪でも嫌がるし、ハーネスに慣れるまでもっと時間がかかるのではと思うんです。これはたぶんチャチャだからできたことなのかなと思います。

少しずつ歩く距離を延ばしました。

くっさー

ハーネスに慣れてきた様子のチャチャ。そこで、まずは庭に出てみました。庭の植物の匂いを嗅いだチャチャ。そうしたら、あの「くっさー」のフレーメン顔！　その様子がかわいくて、家族で笑ってしまいましたね。

　それから家の周囲をまわる練習をしたり、公園で歩く練習をしたりと、徐々に歩く距離を延ばしていきました。

　今でこそ当たり前になっていますが、チャチャがお散歩の前と後で家のまわりを歩くのは、自分のテリトリーを守りたいからだと思います。野良猫は、家づたいに庭から庭へと移動していくので、自分の家のまわりをチェックするのは、チャチャにとっては大事なことなのです。だけど、最初はそれがわからず。私が「そっち行かないよ」とリードを引っ張ると、チャチャはものすごく怒っていました。

しずつ歩く距離を延ば　ました

リードの操作が、実は大変。

お散歩はリードの操作がけっこう大変です。

リードを引っ張り過ぎるとチャチャが嫌がる。歩いていたと思ったら、突然止まることがある。それに、リードを引っ張り過ぎるとハーネスがスポッと抜けてしまうことがあるんです。猫の関節はやわらかいですから。

だから、リードは常に一定のたるみを保ちながら歩かなくてはいけません。チャチャが止まったら、私も止まる。チャチャが走ったら、私も走る。今でもお散歩は、1時間そのくり返しです。車が来たら道の端に寄せなくてはいけないし、車の下に潜り込まないように、常にチャチャの後ろで様子をうかがいます。

最初は、チャチャと歩調を合わせるのがとっても難しかった。とにかく、チャチャと呼吸を合わせることに全神経を使いました。

猫のお散歩って、犬のお散歩のようにはいかないんですよね。

リードの操作が、実は大変。

gelpet

Part4

甘えん坊になった チャチャの現在

チャチャの1日のルーティン。

チャチャは毎朝4時くらいに起床。自動給餌機を4時半にセットしているので、それを待っています。食べ終わると、私がまだ寝ていたら起こしにきます。昔はかなりハードな起こされ方でしたが(苦笑)、最近は優しく体や顔をトントンして起こしてくれるようになりました。その後、大好きなお散歩へ。

1時間ほどで帰ってきたら、チャチャはまた寝ます。でもきっちり12時に起きてくるから不思議。大好きな「モンプチ」を食べたら、それからまた16時くらいまでお昼寝タイム。やがて夕方のお散歩の時間が近づいてくると、家の中をウロウロウロウロウロ……。圧がすごいです。

夕方のお散歩も1時間ほど。帰ってきたらごはんを食べます。毎日たくさん歩くせいか、20時頃には眠くて仕方がないようです。

チャチャは本当によく寝る猫です。私が動画編集をしている時間はほぼ寝ているので、チャチャの1日のスケジュールは、お散歩と睡眠とごはんが大半を占めていると言えますね(笑)。

チャチャの気持ちの伝え方。

チャチャの意思表示は、けっこう独特です。

普段はあまり鳴かない子ですが、甘えたいときやうれしいときは、小さく「ナッ」、もしくは「ニャッ」と鳴くことが多いです。

私が家にいないときは、寂しさから「ぬわー」と鳴いて他の家族に訴えることも。特に私が旅行で帰ってこない夜などは、玄関前の引き戸のところで大きな声で鳴き続けていました。

ごはんが欲しいときは、スリーと体を寄せてアピール。窓を開けてほしいときは、窓の方をじーっと見つめ続ける。眠いときは、私の膝の上に乗って「一緒に寝よう」。

チャチャは今日も、自分の気持ちを一生懸命伝えてくれています。

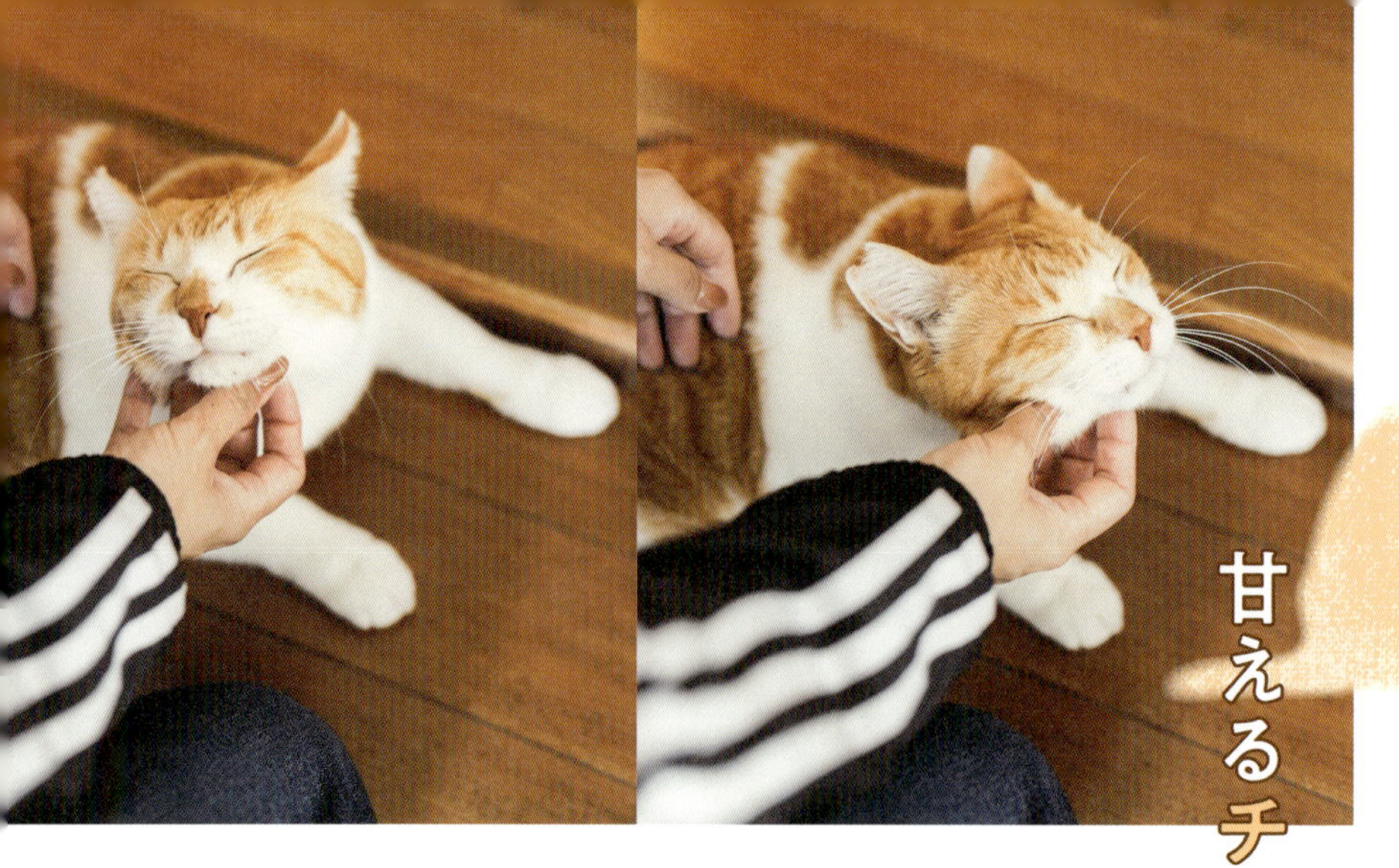

甘えるチャチャは、本当にかわいい。

今では私にべったりのチャチャ。一緒に暮らすようになってから、だんだんと甘えてくれるようになりました。私が家にいるときはずーっとそばにいます。寝るときも一緒です。

昼間私が出かけると、お気に入りの娘の部屋で過ごすのですが、車の音で私が帰ってきたことに気づくと、一目散に降りてきて、縁側やキャットタワーの上からチェック。そして玄関で出待ち。私が外で洗濯物を干しているときも、家の中でウロウロしながら監視してる。私にとって、チャチャはどこまでもついてくる、かわいいストーカーです（笑）。

そんなチャチャの姿にすっかり虜となった私。今では、私の方がチャチャに甘えているような気さえしています。

甘えるチャチャは、本当にかわいい。

チャチャが嫌いなこと。

今ではすっかり慣れましたが、わが家に来たばかりの頃、チャチャは掃除機やドライヤーなど大きな音が出るものが苦手でした。
それからチャチャのために用意したこたつも実は嫌いなようです。電源が入っていないとき、中に入っていたことがあったので、もしかしたら、こたつのジィーという音や熱さが嫌いなのかもしれません。
他にも普通の猫が好きな段ボール箱も入らない。体を撫でていいのは、首の後ろまで。ブラシをされるのも嫌い。だから、お散歩中ぶったおれて、なかなか動かないときは、ブラシをかけて立ち上がらせたりします。

チャチャが嫌いなこと。

車に乗るのも嫌いです。本当はチャチャと一緒に旅行に行けたらうれしいけど、それは今のところ期待できそうもありません(笑)。

とーさんとチャチャ。

一部の視聴者の方から人気のとーさん。私にはなぜ皆さんが喜んでくれているのか、さっぱりわからないのですが、皆さんからコメントが寄せられると、とってもうれしいみたいです(笑)。

私が体調を崩したり不在のときに、とーさんがチャチャをお散歩に連れて行ってくれるので助かるのですが、ハーネス(鎧)の着け方がうまくいかず、もたもたしてチャチャに怒られる始末……(詳しくは「チャチャ　レボる」で検索してください(苦笑))。

とーさんは昔から不器用なところがあり、もう何回も着けているはずなのにどうして?と思ってしまうのですが、本人は至って真面目なので、こればかりは仕方ありません。

チャチャを撫でるときも「おーし、おーし」と、まるで犬を撫でるようにしつこくするので、よく猫パンチされています。でも、それもうれしいのか「またパンチされた」と自慢げに報告してくるんですよ(笑)。

首輪装着

チャチャのごはんの話。

チャチャは人間のごはんに全く興味を示しません。たぶん、保護主さんが、野良猫時代からヒルズのカリカリや缶詰といった、おいしくて栄養のあるキャットフードを与えてくれていたからだと思います。

今のお好みはロイヤルカナンの「おねだりの多い成猫用」。これを食べるようになってから、ダイエットにも成功していますね。

これは猫あるあるですが、昨日食べてたフードを今日は食べない、

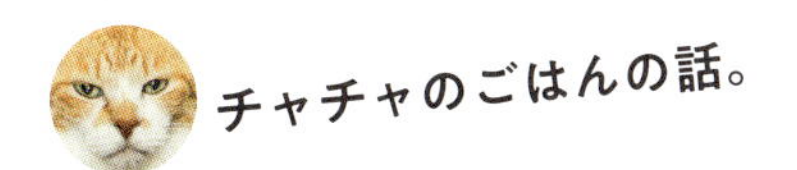

ということもしばしば。そんなときは、大好きな鰹節や鶏のふりかけをかけると食べてくれます。またモンプチをあげるとご機嫌になりますね。

おやつは、私の許可がなければ家族はあげてはいけないルール。おやつをあげ過ぎて体重が増えてしまわないように、きちんとコントロールしたいからです。

チャチャの遊びは安上がり。

チャチャは、普通の猫が好むようなおもちゃが好きではないようです。どんなに高いおもちゃを買ってもあまり興味を示さず、遊んでもすぐに飽きてしまいます。それは、たぶん、野良猫として厳しい毎日を生きてきたからなのでしょう。

でも、そんなチャチャを夢中にさせてしまうおもちゃがあります。

それはケーキの箱などについてくるリボンやひも、カサカサした紙袋やビニール袋です。なんて安上がり！

それと、布団をたたもうとしたり、シーツを敷こうとしたりすると、必ず上に乗って邪魔してきます。これもチャチャにとっては遊びの一種なのかな。猫って本当に謎多き生き物ですよね。

チャチャの遊びは安上がり。

チャチャお散歩名場面。

チャチャのお散歩は、朝と夜、1日に2回1時間ずつ行きます。玄関で首輪と鎧(ハーネス)を着けて、いざ出陣! まずは城(家)のまわりを歩き、敵が侵入してないかチェック。続いて、しっぽプルプル、ケリケリ。匂いを嗅いでくっさー!! 勢いよく道にぶったおれ~と、チャチャはさまざまな姿を披露してくれます。

そんなチャチャのお散歩中の様子に多くのコメントをいただきますが、ここではその中でも、特に

チャチャお散歩名場面。

いざ、出陣。まずは城のまわりをチェック

お散歩の始めに必ず城をまわるのが、チャチャのルーティン。あちこち匂いを嗅ぎまくり、城の安全を確認した後は、庭の木や車もチェック。さすが、猫武将！セキュリティチェックに一切の抜かりなし！

かーさんの大切なグリーンに乗る

私が大切にしている庭の木の上が、いつの間にか、トイレ休憩スポットに！？　いや〜、やめて〜。これを防ぐべく、必ずおしっこを済ませてからお散歩に出るようになりました。

反響の多かったチャチャの行動をピックアップしてみました。
果たして、それぞれの行動には意味があるのか？？
飼い主としての思い込みも含めて解説してみました！

ケリケリ

こちらも人気の高いケリケリダンス。どうやらオス猫特有の行動のようですが、チャチャは人工芝や落葉、土の上などで発動し、ときどき勢いあまって粗相しちゃうことも……。油断大敵です！

しっぽプルプル

コメント欄で一番質問が多いのがこちら。チャチャはうれしいときもしっぽをプルプルしますが、たぶん、これは猫のスプレー行動の名残かと。チャチャは去勢済みなので、実際にはスプレーは出ていません。

チャチャお散歩名場面。

ぶったおれ

お散歩中、大好きな人の家の前に行くと必ずぶったおれます。マーキングの一種だと思うのですが、雨の日の翌日なども頻繁にぶったおれています。そのたびに、こちらはハーネスが抜けないか、ヒヤヒヤドキドキ……。

匂いを嗅いでくっさー

いわゆる、猫のフレーメン反応です。これは匂いの中に含まれる猫のフェロモンを嗅ぎとっているのだとか。チャチャの場合、花や塀、車などの匂いを嗅いでは、くっさーをやっています。

近所の猫ちゃん・ワンちゃんとの関係。

スムーズにお散歩ができるようになってくると、徐々に行動範囲が広がってきます。それはつまり、他の猫と遭遇する機会も増えるということ。わが家のまわりには、ビッグフェイスのボス猫や近所の飼い猫の町娘など半家猫がいるので、特に注意が必要です。

なんせ、野良猫時代のチャチャは、自分の縄張りを侵す猫はすべて追い払ってきた強者。他の猫を見かけて、戦闘モードになることもよくあるので、そんなときは他の家の敷地に入ったり、追いかけたりしないように、リードを持つ手に緊張が走ります。

お散歩中の犬にも遭遇します。小型犬は大丈夫ですが、近所のラブラドールレトリバーを見かけると、猛ダッシュで逃げていきます(笑)。

近所の猫ちゃん・ワンちゃんとの関係。

もはや、脱走のプロ。

チャチャは脱走のプロフェッショナルです。はじめて玄関から脱走して以来、ここが出口だとすっかり理解してしまい、玄関に誰かが立つとチャンス！とばかりに様子をうかがいます。玄関の引き戸も上手に開けられるので本当に油断なりません。

だから、玄関の鍵はどんな短時間でも必ず閉めるのが、わが家のルール。玄関と廊下の間にも新たにゲートを付けて、二重で脱走防止を試みています。

それでも、ちょっとのスキに脱走してしまうんですよね……。古くなった網戸を破って脱走したこともありました。自分で帰ってく

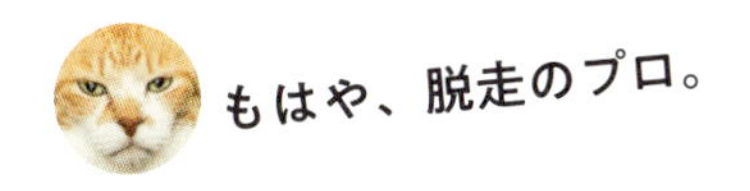

もはや、脱走のプロ。

ることがほとんどなのですが、それでも心配は尽きないので、もちろん必死で探しまわります。脱走したチャチャを見つけたとき、私たちもつい興奮してしまうのですが、大声でびっくりして逃げられたら一巻の終わり。平静を装いつつ、いつものように声をかけながら少しずつ距離を詰めていきます。

搜索に大活躍するのが娘。チャチャは娘のことが大好きなので、名前を呼ばれると大喜び！　そのスキにがっちり捕獲します(笑)。

青ざめる家族をよそに、楽しそうに庭を歩いていたりするチャチャ。猫の脱走に関しては、本当に知恵比べだなと思います。

特別編

かーさんインタビュー

総フォロワー数120万人！

「私がYouTubeを始めた理由」。

―かーさんがYouTubeを始めたきっかけを教えてください。

YouTubeを始めたのは、コロナ禍の2020年です。「誰かの役に立ちたい」「誰かを癒やしたい」という気持ちから始めました。

私はトリマーだったこともあり、最初は犬の毛のカット方法などを紹介してみたのですが、残念ながら誰も見てくれなくて……。

その頃、私自身が他の方のVlogを見て癒やされていたので、方向性を変えて「築47年借家の田舎暮らし」というタイトルで、私のモーニングルーティンなどを紹介するようになりました。

―チャチャのために始めたYouTubeではなかったのですね。

はい。チャチャは、私がVlogを始めた後にわが家に来ました。だからチャチャを映し始めたのも、たまたまなんです。

チャチャが映った動画を見た視聴者の方から「もっとチャチャが見たい」と大

きな反響があり、私たち家族の日常風景として、チャチャの日常も撮るようになりました。私の中では、今でもこれは猫動画ではなく、わが家の日々の生活を紹介するＶｌｏｇであり、その一部にチャチャのお散歩があるという感じなのです。

―今では登録者数50万人を超える人気チャンネルになりました。

はい、たくさんの方に見ていただいて、感謝の気持ちでいっぱいです。本当にありがとうございます。

私が動画制作で特にこだわっているのは、皆さんに癒やしと笑いを届けることです。だから、皆さんから「チャチャを見て癒やされた」「明日への活力になった」と言ってもらえることが一番うれしい。そう言っていただける間は、頑張って続けていこうと思っています。

「猫武将」が誕生するまで。

――今ではすっかりおなじみとなった「猫武将」ですが、誕生のきっかけを教えてください。

きっかけは「チャチャってなんだか武将っぽいですね」というコメントでした。視聴者の方には、意気揚々とお散歩に出るチャチャの姿が、勇ましく見えたようです。

確かに！　武将っぽいかも！と思い、それまでの軽快なBGMから、武将のイメージに合うBGMに変えてみました。また、猫武将に関連して、出発を「出陣」に、家を「城」に例えて「城をまわる」「城下町」などのテロップも入れるようになりました。

このことでチャチャは猫武将として人気が出て、さらにフォローしてくださる方が増えていきました。

―かーさんが独自に生み出した言葉もありますよね？

「ゆるめにたのむ」はそうですね。これは直感的に頭に浮かんだ言葉の一つです。あまり直感は信じないタイプ(笑)なのですが、頭に何度も浮かんでくるので、勇気を出して使ってみたら、皆さんが気に入ってくださって！　それからは自分の直感を信じるようになりました。

私の中のチャチャは寡黙なイメージなので、最近はチャチャがしゃべるのは「かーさん…」ぐらいにして極力抑えるようにしています。皆さんがチャチャの気持ちを自由に想像して楽しんでいただいた方がいいと思いますので。

―動画のテロップは、かーさんの笑いのセンスがすごく感じられます。

そう言っていただけるとすごくうれしいです！　皆さんに喜んでいただけることが何より一番ですから。でも、皆さんのコメントからヒントをもらうこともたくさんあるんですよ。だから、このチャンネルは私一人でつくったものではなく、皆さんにつくり上げていただいたものだと思っています。改めてお礼を言いたいです。ありがとうございます。

どうやって撮ってるの？　カメラは何台？

かーさん撮影秘話。

―動画はさまざまなアングルで撮られていますよね。撮影はどのように行っているのですか？

今は3台のカメラを駆使して撮影しています。先ほどもお話ししたように、私の動画はＶｌｏｇという位置づけなので、普段の生活を自然な流れで紹介したいと思っています。だから猫の姿だけを撮影するのではなく、私たち家族の日常風景も映るようにしています。

―お散歩中もカメラ持参ですよね？

そうですね。ただお散歩中の撮影方法は企業秘密です(笑)。

―なるほど(笑)。それでは、撮影時に工夫していること、心がけていることを教えてください。

そうですね。なるべく普段のチャチャを映

したいので、撮影するときは、ある程度チャチャの行動を予測し、先回りしてカメラを置くようにしています。でも、それができるようになったのも、チャチャの日々の様子をしっかり観察してきたからですね、きっと。

―通常のカメラの他、「見守りカメラ」も使われていると思いますが、今はどれくらい置いているのですか？

最初の頃は1台だったのですが、私たちが留守のときも普段のチャチャの様子が撮りたくて、今は5台設置しています。でも、いかんせん画質が粗い（笑）。その映像ですべてを賄うのは難しいので、今は留守番中の映像として使うくらいに留めています。

動画編集でのこだわりを教えて。

―撮影した動画はいつ編集しているのですか？

編集作業は時間がかかるしけっこう大変。日々のルーティンにしていかないと、なかなかやる気スイッチが入らないので（笑）、私は頭が冴えている朝7時から11時くらいを動画編集の時間に当てています。なので、その時間はなるべく予定を入れないようにしていますね。

―動画づくりではどんなことを心がけていますか？

見てくださった方がクスっと笑って、最後には幸せな気持ちになってほしいので、どうやって笑わせようかとずっと考えながら、1秒1秒にこだわって作業しています（笑）。

生みの苦しみ？ もちろんあります！ でも、つく

動画編集でのこだわりを教えて。

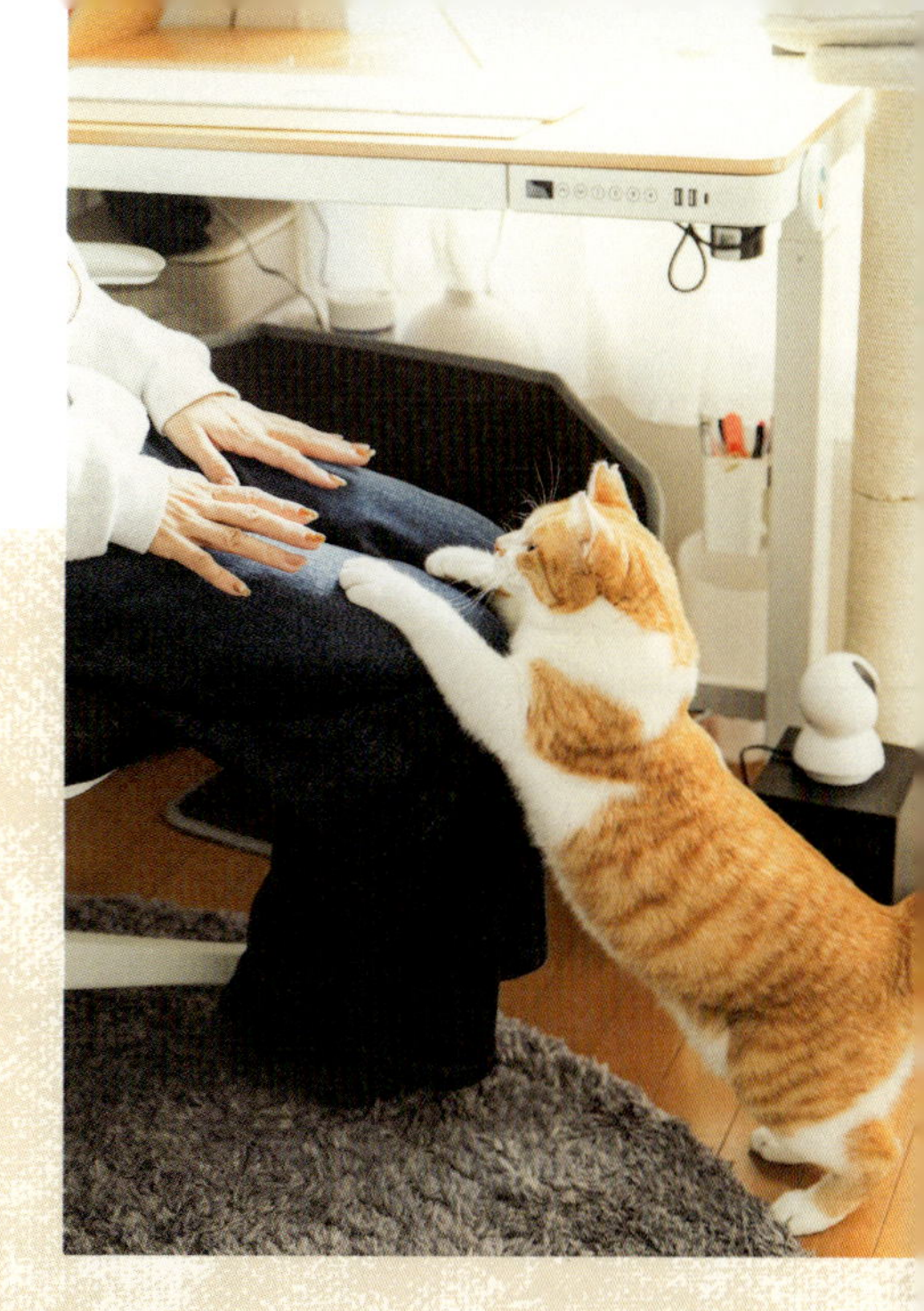

り終わった後の達成感や、皆さんから「楽しかった」「笑った」とコメントをいただくと、あー、つくって良かった！という気持ちになります。

―編集作業で大変なこと、教えてください。

あまり大変だとは思いたくないのですが、強いて挙げるなら動画の整理です。カメラの台数も多く、時間も長いですし、撮影した日付やカメラごとに整理していくので、相当時間がかかります。

あ、あとは動画に映るチャチャがかわい過ぎて、なかなか作業がはかどらないことです！（笑）。

―どれくらいのペースでYouTubeにアップを？

以前は、週に2本くらいアップしていたのですが、2、3年目くらいから週1本になり、息子の受験を機に不定期更新にさせていただきました。それもあって、今は事前に公開日時をお知らせしています。

Rme」バズり動画ベスト4

【元野良ボス】オラオラな猫

【いいね!】5000件以上

私が一番思い入れのある動画です。元野良猫の血が騒ぐのか、お散歩中に他の猫を見つけて、オラオラ顔で追いかけたときの映像です。全ヒゲが「前にならえ」になっていて、今は「歌舞く」と言っていますが、当時は「アザラシ」と表現していました。この頃はまだチャチャがしゃべっていますね。

【野良猫から完全家猫へ】5ヶ月間の記録～総まとめ

【いいね!】3.6万件以上

一番最初にバズった動画がこちら。この動画から私のチャンネルを知ってくださった方が多いですね。視聴者の皆さんからの質問をチャチャに答えてもらいました。お散歩の様子はもちろん、家族が留守中の様子なども紹介しているので、さまざまなチャチャの姿を楽しんでもらえたのかなと思います。

「元野良猫チャチャと

猫武将の受け身イメトレ

【いいね！】149万件以上

インスタグラムにアップしたチャチャのぶったおれる動画です。私は猫がよく行う行動だと思っていたので、これほどバズるとは思っていませんでした。たぶん、豪快にたおれる猫の姿が珍しかったのかもしれません。この映像はテレビのニュース番組などでも紹介されました。

この猫武将にしか見えない

【いいね！】41万件以上

TikTok 1000万再生

散歩行く猫が武将すぎる

1140万回以上再生され、最もバズったショート動画です。この動画をきっかけに、チャチャを知った方も多かったようで、登録者数もすごく増えました。皆さんから「何回見てもかわいい」と言われ、今も再生回数が伸びている動画です。

かーさんが考える

「保護猫を飼うということ」。

—チャチャは「元野良猫」ですが、保護猫を飼うことについて、かーさんはどう思っていますか?

野良猫の中には、人が怖くて甘えられない猫もたくさんいると聞きます。だから、私はチャチャがわが家にすぐに慣れなくても、仕方ないと思っていました。チャチャは人懐っこくて、わが家に早く慣れましたが、性格は猫それぞれ。焦らずゆったりと構えて様子を見るのがいいのではと思います。

—チャチャは迎え入れたとき、すでに5~6歳くらいだったとお聞きしています。成猫を引き取ることに躊躇(ちゅうちょ)はありませんでしたか?

私は、大人の猫の方が落ち着いていていてかわいいと思っています。もちろん子猫もかわいいですが、すごくやんちゃですし、トイレなどのしつけも一から教

える必要があります。その点、大人の猫はきちんと理解しているので、はじめて猫を飼う人は大人の猫の方が飼いやすいのでは、と思います。

—YouTubeを通して、どんなことを伝えたいですか?

動画を編集するときは、いつも保護猫や野良猫のことを考えています。

私ができることは、一本でも多くの動画をつくって、チャチャとの暮らしの楽しさや、猫のかわいらしさを伝えていくこと。そして、この動画をきっかけに、少しでも保護猫のことを知ったり、飼ってみたいと思う人が増えたらうれしいです。私がYouTubeを続ける意味は、そこにあるのかなと思います。

猫をお散歩させることについて。

―チャチャをお散歩させていることに対して、いろいろな意見も届いているようですね。

チャチャのお散歩についてはさまざまなご意見をいただきます。チャチャを迎え入れた当初は、私も完全室内飼いにしようと思っていました。でも、チャチャは外の世界を知っている猫ですから、外に出たい気持ちが強くて、脱走もしてしまう。なので、完全に家に閉じ込めることはできないと思いました。

―かーさんにも葛藤があったのですね。

そうですね。お散歩に関してはかなり葛藤がありました。誤解しないでいただきたいのは、私は決して、猫のお散歩をおすすめしているわけではないということです。

犬と違って、猫のお散歩には危険が多くあります。急に走り出してハーネスや首輪が抜けてしまったりする可能性もあります。

外の世界を知らない猫なら、お散歩に行かない方がいいと私は思っています。私はトリマーだった経験や子どもの頃から猫を飼っていた経験もありますし、チャチャ自身の個性もあったから、今お散歩ができているのではないかなと思います。

―では、お散歩のシーンを動画に出さなくてもいいのでは……？

そこに矛盾を感じる方もいますよね。でも、このＹｏｕＴｕｂｅは私たち家族やチャチャの日常を紹介しているものなので、日々のルーティンであるお散歩のシーンを入れないと、時系列がおかしくなってしまうんです。

―皆さん、心配なのかもしれませんね。

それは本当にありがたいことです。だからこそ、お散歩中はチャチャの気持ちを最優先しつつ、細心の注意を払っています。皆さんには、エンタメの一つとして、週末にアニメを観るような気持ちで楽しんでいただけたらうれしいです。

かーさんにとってチャチャとは？

―チャチャと暮らして、かーさんが得たものは何でしょうか？

それはもう幸せの一言に尽きます（笑）。毎日、幸せを実感しながら暮らしています。だから私は常に猫ファーストでありたいと思っているのですが、お散歩以外はチャチャに我慢してもらうことも多くて……。

私たちの生活に、チャチャの方が合わせてくれているんだと思います。自分の気持ちを伝えるアピールは諦めていないようですが（笑）。

―この先、チャチャとどんな暮らしをしていきたいですか？

本当はもう1匹飼うことができたら、チャチャも友達ができて、留守中も寂しくないかなと思うのですが。悩ましいところですね。

あとは、この生活がいつまでも続けばいいと思いますが、今後、チャチャが年老いてお散歩に行けなくなったときには、外の世界が感じられる環境をつくってあげたいです。チャチャ専用の猫庭とかをつくってあげられたら、自分のペースでのんびり過ごせるかなと。チャチャがずっと幸せでいること、それが私の今の夢ですね。

―最後に、ファンの方へのメッセージをお願いします。

いつも温かいコメントやメッセージをくださり、本当にありがとうございます。皆さんの声が動画をつくる支えになっています。これからも、わが家とチャチャの普通の毎日を楽しくお伝えしていきます。少しでも皆さんに「癒し」をお届けできれば幸いです。今後ともよろしくお願いします！

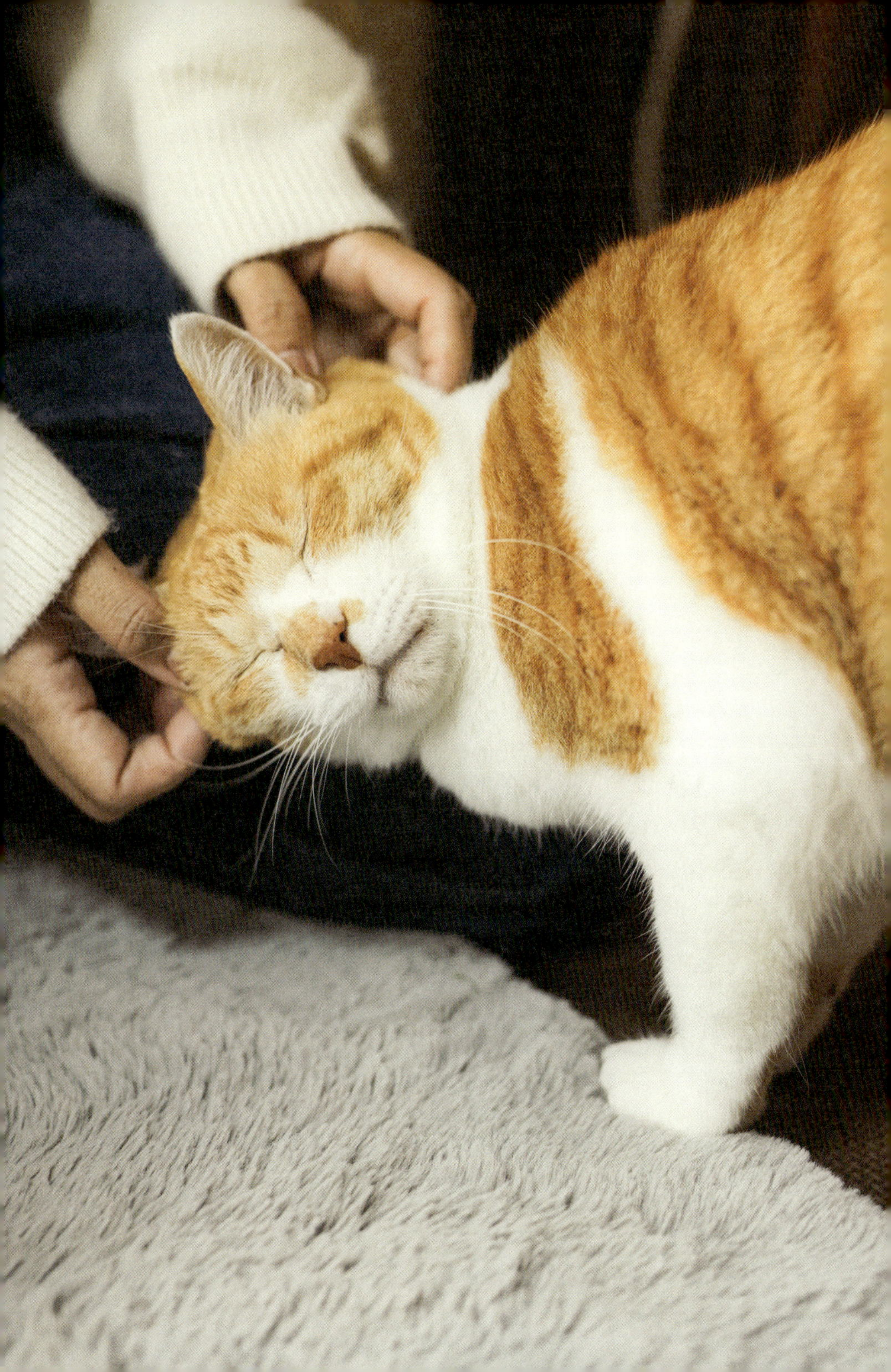

HAPPY
BIRTHDAY

元野良猫チャチャ

- 名前：チャチャ♂
- 年齢：推定９歳
- 体重：5.3 キロ
- 性格：温厚で人懐っこいが実は強い
- 出会い：2020 年 11 月 11 日

■ YouTube 「元野良猫チャチャと R me」
youtube.com/@chacha-rme
■ Instagram instagram.com/r_me_happylife
■ TikTok tiktok.com/@chacha_neco
■ X x.com/R_me_happylife

Staff

デザイン 太田玄絵
写真 小島沙緒理
かーさん
（P.13 ～ 15、21、25、31、36 ～ 37、59、62 ～ 63、76 ～ 77、82 ～ 83、85）
取材・文 石倉夏枝
編集 木村晶子
編集デスク 町野慶美（主婦の友社）

元野良猫 チャチャの毎日

2025 年 4 月 20 日 第 1 刷発行
2025 年 5 月 20 日 第 3 刷発行

著 者 元野良猫チャチャ
発行者 大宮敏靖
発行所 株式会社主婦の友社
〒 141-0021
東京都品川区上大崎 3-1-1
目黒セントラルスクエア
電話 03-5280-7537
（内容・不良品等のお問い合わせ）
049-259-1236（販売）
印刷所 株式会社ＤＮＰ出版プロダクツ

ISBN 978-4-07-461178-2

■本のご注文は、お近くの書店または
主婦の友社コールセンター（電話 0120-916-892）まで。
＊お問い合わせ受付時間 月～金（祝日を除く） 10:00 ～ 16:00
＊個人のお客さまからのよくある質問のご案内 https://shufunotomo.co.jp/faq/